苔藓生态瓶

〔日〕川本毅 著

魏常坤 译

中国轻工业出版社

U0218664

在餐桌的周围

凝望玻璃瓶中

属于自己的时间、空间

和植物一起度过的时光

摆在架子上

前言

制作苔藓生态瓶的乐趣在于触摸植物、石头以及将植物和石头包起来的土壤。

即使是细小的石头和植物，通过一些配置和组合，也能在一瞬间绽放出耀眼的光彩。

看到这一瞬间的喜悦，是无可替代的。

用一条沙线表示清凉的溪流，用一块岩石表示海风吹入的岸边，用苔藓给岩石表面增加岁月感。

即使是小小的树苗、平凡的石头，如果能将其配置在玻璃容器中，最大限度地展现其魅力，就能成为这一道风景中不可或缺的存在。

小小的树苗变身为参天大树，小石头变成高耸云间的深山巨石。

一小堆土在观者的心里带来雄伟大山的感觉，一小把沙子让人想到溪谷中的流水。

苔藓也是，能让树根有千年的历史，能贴在山石上制造出大森林的风景。

这些模仿大自然的作品，让人领悟到其中的哲理。

对于终日忙碌的现代人来说，就是心中的幸福。

路边的花悄悄地开放，很快便失去美丽的容颜，枯萎、凋谢。

我们的生活也会在某个时刻迎来终止的一刻。

所以，我们希望在有限的日复一日的生活中，拥有身边的喜悦和快乐，拥有丰富的精神生活。

在紧张匆忙的现代生活中，如果有令人情感丰富、心灵感到安稳和沉静的东西，就能得到真正快乐的小憩一刻。

无论是谁，在心灵深处都藏着追求自然的心愿。

和自然亲近的时候，我们的心是安宁的、幸福的。

为了让大都市里的人们生活和内心更加充实，我推荐有植物的生活。

这是我经营的Feel The Garden（作者自己的店名和品牌名——译者注）的使命，是我努力的目标。

为了让大家通过生态瓶亲近自然，我提笔写了这本书。

希望大家在繁忙的日常生活中，能够获得片刻放松心情的时间。

川本毅

目录

苔藓生态瓶所需要的光照·····················64

最适合苔藓生态瓶的照明器具·····················67

生态瓶的管理方法·····················88

适合生态瓶的苔藓·····················90

苔藓的使用方法和保管方法·····················94

构　　　成　驹崎SAKAE（FPI）

图书设计　大塚千春（CO2）

摄　　　影　天野宪仁（日本文艺社）

编辑助理　青山一子

图　　　　坂本茜

Feel The Garden工作人员　神田步夏　中村美绪

摄影助理　garage YOKOHAMA

Terrariums in this Book
本书中介绍的苔藓生态瓶

作品
01

作品
02

作品
06

作品
07

作品
11

作品
12

作品
16

作品
17

作品
03

作品
04

作品
05

作品
08

作品
09

作品
10

作品
13

作品
14

作品
15

作品
18

作品
19

作品
20

What's a Terrarium
什么是生态瓶

[发展]

所谓生态瓶，是指种植植物的玻璃瓶。Feel The Garden则更进一步，每天都在追求如何在玻璃瓶中表现微缩景观，即"大地风景生态瓶"。

随着植物培育所用LED（发光二极管）灯和土壤技术的进步，享受生态瓶乐趣变得更简单、更容易。本书中介绍的，就是能用简单容易的方法养护植物的生态系统。

[历史]

1829年，英国医生、园艺家纳撒尼尔·沃德发现，在密闭的玻璃容器中，即使好几天不浇水，植物也能活得好好的。

当时，把活的植物放在船甲板上运输，保证植物经历几个月的风雨和颠簸而不死，还是个难题。而有了生态瓶（沃德箱）之后，这个难题就迎刃而解了。因此，植物研究一度变得兴盛起来。同时，将植物种植在玻璃瓶中作为室内装饰，也在欧洲流行了起来。

What's the Moss
称为苔藓的这种植物

[分类]

苔藓，按照植物分类学的标准，属于"苔藓类"植物。在后面的介绍中，我将用"苔藓"或者"苔藓植物"来称呼苔藓类植物。

苔藓植物可分为"藓类""苔类""角苔类"三大类。全世界生长着约23000种苔藓植物，其中藓类约有15000种，苔类约有8000种，角苔类约有100种。

[环境]

全世界有约23000种苔藓植物，其中约1700种在日本有分布。日本国土面积不到地球表面积的1%，但是苔藓植物却占了世界苔藓植物的约10%，所以，可以说日本是苔藓资源丰富的国家。

究其原因，日本从北海道到冲绳，虽然国内各地的气候不同，但整个国家都被海洋包围着，海风让各地湿度比较大。

从称为苔藓名胜的地方到人工建成的苔庭之类的景观，还有柏油沥青和石砖墙的缝隙中生长的苔藓，各种各样的地方都能看到苔藓。这是一种很有特点的植物。下面就介绍一下其主要特点。

特征 **1** | 通过光合作用获取能量

苔藓叶子颜色是绿色的，细胞中有叶绿体，能通过光合作用获取能量。因此，培养过程中缺不了光合作用所需的光照量。

特征 **2** | 通过孢子和克隆两种形式进行繁殖

苔藓不仅靠孢子进行繁殖，而且还通过自身的一部分从身上分离进行繁殖。这样可以迅速繁殖。

特征 **3** | 没有根

苔藓没有根，就是从土壤中吸收营养成分并起到固定身体作用的根。取而代之的，是附着在地面上，具有锚那样的功能的器官——假根。

特征 **4** | 没有维管束

种子植物等都有称为维管束的器官，其作用是将由根吸收的水分和营养成分输送到全身。但是，苔藓没有维管束，靠叶和茎直接吸

苔藓的三个大类

苔藓植物被分成以下三个大类。

藓类	苔类	角苔类

藓类植物在园艺中大量使用，如日本苔庭中使用的砂藓、金发藓，盆景中使用的狭叶白发藓、桧叶白发藓、生态瓶中使用的大桧藓、东亚万年藓等。

苔类中的红花地钱亚种、蛇苔等在生态瓶中能生长得很好，但是在庭院中却被人嫌弃。在盆景当中如果发现花盆里长了苔藓，是会清理除掉的。

角苔类植物中，释放孢子的器官——蒴为角状。角没有长出来时，不易被认出来。

收水分和营养成分。从最前端的细胞开始，依次按照类似水桶接力的顺序，给全身输送水分和营养成分。

特征5 | 生命活动在休眠、再生间循环

早在人类甚至恐龙诞生之前很遥远的时代，距今约四亿多年前，植物从海里向陆地上发展，通过漫长岁月的进化逐渐适应环境。例如，生活在荒野中的仙人掌（被子植物），枝干变得坚硬，叶子变得细长，防止水分蒸发；另一方面根深深扎入土壤中，努力获取更多的水分，以维持生命。

苔藓植物的构造

苔藓植物没有根，靠假根固定身体。

苔类	藓类

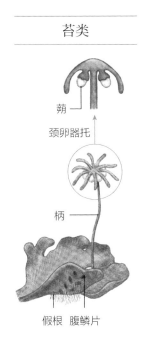

蒴

颈卵器托

柄

假根　腹鳞片

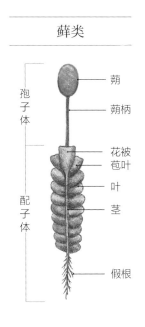

蒴

蒴柄

花被
苞叶

叶

茎

假根

孢子体

配子体

苔藓植物的叶子都非常薄，特别不耐干燥。一旦周围环境变得干燥，植物体内的水分会迅速蒸发。体内水分迅速蒸发时，其他植物可能会就此枯干死亡，但是苔藓植物不会死，它们会休眠。一旦有降雨等补充水分，苔藓植物就会重新开始生命活动。生命活动可以在休眠、重启之间循环往复是苔藓植物的特征。有记录显示，给60年前采集制作的苔藓植物标本浇水之后，其生命活动会重启。

苔藓植物的生存策略不是配合环境条件改变自身，而是当环境变得适合自身时开启生命活动。

特征**6** | 具有抗菌作用

很多苔藓植物中都可以提取到有抗菌作用的物质（多酚类物质，是只有植物才能生成的一种化学物质）。这种物质具有阻碍病源性霉类生长的功能。因此，苔藓植物不易腐烂，苔藓植物周边的环境不容易出现霉菌。

灵活利用苔藓的这种抗菌性，欧洲从19世纪开始，利用苔藓植物代替脱脂棉、绷带。在日本，苔藓植物被用作装饰用品、建筑缝隙的填充材料。

苔藓植物与其他植物的区别

苔藓植物没有根和维管束，水分、养分均由叶、茎等直接吸收。

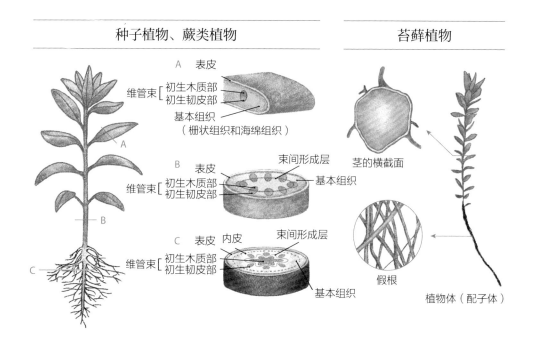

图片中是和苔藓植物一起在生态瓶中培育起来的植物。从左上角开始，依次为常绿海州骨碎补、凤尾草、越橘木莲子。从左下角开始依次为白鸟羽毛、垫子莫斯、小型肾蕨

Plants for Terrarium
易于在生态瓶中培育的植物

前面介绍了苔藓植物的6大特征。

那么，易于和苔藓植物一起在生态瓶中种植的植物有哪些呢？

适合特殊环境的植物就能长期种植

正如前面讲的那样，有多种多样的植物能在玻璃容器中生长。不过，当今对生态瓶的需求和19世纪（英国沃德箱诞生的那个年代）已经不一样了。

在沃德箱诞生的那个时代，也许只要植物在运输的几个月时间内不枯死就行了；而如今玩生态瓶的人大多数都希望生态瓶中的植物能长期生存下去。

生态瓶和盆栽、地栽不同，对植物而言是相当特殊的环境。所以，只有适合这种环境的植物才能长期生存下去。

目前，我已经确认能和苔藓植物一起在生态瓶中长期生存的植物，是下图的三类植物中的一部分。

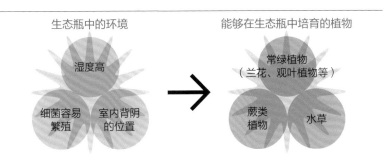

生态瓶中的环境　　　　　　能够在生态瓶中培育的植物

湿度高

细菌容易繁殖　　室内背阴的位置

常绿植物（兰花、观叶植物等）

蕨类植物　　水草

Soils for Terrarium
适合在生态瓶中使用的土壤

选择适合苔藓植物等在玻璃容器中生长的土壤。

选择清洁的用土，尽量将细土末去掉

什么植物？种在什么容器中？所用的土壤都不一样。但是，这些土有一点是共通的：清洁的、不易生长细菌的土。

此外，土填入玻璃容器中后，可以从侧面看到土壤下层部分。那些在盆栽时溜到土壤下层也无所谓的细土末就不太美观了。如果生态瓶用土的细末较多，可以用筛子之类的工具先筛一下。

基础用土

将5份烧成赤玉土、1份富士砂、1份炉灰混合均匀，就是大多数植物都可用的土。

烧成赤玉土 **5** 份

烧成赤玉土是用赤玉土高温烧制而成的，硬度更高。烧制过程中可将土壤中含有的细菌都杀死。有"细粒"标志时，应尽量使用细的烧成赤玉土。

富士砂 **1** 份

富士砂是一般的庭院用材料，这种漂亮的黑色沙砾是熔岩凝固而成的熔岩石经过漫长的岁月风化分裂而成。可防止水质腐败，保护植物的根系。

炉灰 **1** 份

使用稻壳炉灰。稻壳炉灰中的碳可抑制蓝藻等藻类的生长。

生态瓶中，使用4种土表现地层，种上植物，组成5层的结构。

苔藓植物等植物

树皮培养土

树皮培养土是将杉树、桧树等针叶树的树皮粉碎后得到的未经发酵的树皮土。分解速度缓慢，基本没什么臭味，适合用作室内园艺用土。

干燥的泥炭藻

泥炭藻的抗菌性高，常用于兰花等需要防止病菌从根部入侵的植物。铺在玉沙砾一层的上面，将上面和下面的各层分隔开来，起到过滤器的作用。

玉沙砾

玉沙砾是生态瓶的基础土层。根据生态瓶的大小，选择大小不同的规格，可以是细粒，也可以是小石子。

硅酸盐白土

硅酸盐白土是用于改良土壤的土。加入土壤中后，有抑制土壤中细菌产生、吸附杂质的作用。可用以保持生态瓶内的清洁。

湿地缸用土和水草缸用土

生态瓶的发展之一，是水草缸用土的发展。

在此之前，水草缸的底面一般由沙砾构成，没有保肥力，无法让水草健康成长。

随着用土加入肥料成分、高温烧制而成土壤的广泛应用，主要以培育水草为乐的水草缸得到很大发展。近年又进一步改良，出现了用于不积水的地方，再现湿地景观的湿地缸用土壤。

湿地缸用底床

湿地缸等容易发生积水的缸底部的底床材料。加入有利于植物生长的土壤微生物、木炭粉等，保持底床内的透气性，防止植物根部腐烂。

湿地缸用土

适合湿地缸中植物生长的底床材料。以天然黑土为基础，加入有利于植物生长的土壤微生物、无烟炭等，促进植物根部生长和健康成长。

Which Container
选择什么样的容器

选择容器的3个要点

生态瓶可以选择各种各样的容器，选择时有3个要点，可以去园艺用品店、餐具店等地方选择符合这3点要求的容器。

第1点 | 主体透明

容器主体透明与否，虽说也影响到容器中的植物能不能看清楚，但最重要的是不透明的容器会影响光照效果。为避免植物无法进行光合作用，透明度高的无色容器最适合作为生态瓶。

第2点 | 盖子透明

如果盖子为陶盖或者软木塞，会阻挡上方的光，欣赏植物时，容易发暗，产生阴影。

第3点 | 材质为玻璃

玻璃的热传导率和木材相近，不容易受外界影响。与PET（聚酯）、塑料等相比，更能有效对抗温度变化。

在符合上面所述3个要点的基础上，可以根据所选植物，选择适合的容器、适合的土壤进行组合，制作出各式各样的生态瓶。生态瓶的容器分为"密闭型""半开放型""开放型"3大类。下面介绍一下各类生态瓶的特点。

密闭型

药瓶、有橡胶盖的罐子等，外部空气无法进入的容器

可使用的植物 ➜ 苔藓植物（见第90页） 水草

优点和缺点

● 因为密闭，抑制了水分蒸发，不需要浇水。

● 因为没有细菌入侵，如果一开始制作生态瓶时做好防杂质混入的工作，就不容易发生霉菌等问题。

● 切断了从外部供给空气的通道，呈低二氧化碳状态，植物的自然状态可能发生变化。

● 蒸发出来的水蒸气容易在玻璃瓶的侧壁上结露，所以需要调整内部水分量。

● 植物生长不需要过分活跃的光合作用，所以生态瓶必须摆放在房间内不过分明亮的地方。

最不需要打理

　　不需要打理，摆几年都不用管的生态瓶。但要注意，在制作生态瓶时，除了自己选用的植物，不要混入其他植物。

半开放型

盖子轻轻盖在上面，利用垫片在盖子和主体之间制造出缝隙，外部空气可以进入的容器

可使用的植物 → 苔藓植物（见第90页）　蕨类植物　常绿树　水草

优点和缺点

- 因为有外部空气进入，有二氧化碳的供给，植物可能长成自然界中的形状。

- 湿度受到控制，不容易结露或霜。

- 可以培育更多品种的植物。

- 水分会从盖子的缝隙中流失，所以，数周到一个月左右需补水一次。

- 对于不抗干燥的植物，叶尖等处有可能因为干燥出现病变。

可选择更多品种的植物

可以种植更多品种的植物，是生态瓶最基本的形式。不需要太多的打理，在打理植物和植物欣赏满意度之间达到较好的平衡，制作方便又容易的容器。

用密闭度高的容器制作半开放型容器的方法

将在小店中就能买到的垫片贴在瓶身的开口部，在瓶身和盖子之间制造缝隙。

使用透明的垫片

用镊子将垫片贴上去

开放型　　金鱼缸那样的，即使没有盖子也能保湿的容器

可使用的植物 → 苔藓植物（见第90页）　蕨类植物　常绿树

优点和缺点

● 没有盖子，可以做成近似于盆栽的形式。

● 和其他类型的容器相比，可以放在更明亮的地方，可以选择更多需要强光的植物。

● 构图上可以制作叶子往外伸的树，树干下长满苔藓植物的作品。

● 若采用了怕干燥的苔藓植物等，就需要每日浇水等照料。

● 若使用喷雾器浇水，水中的漂白粉等成分会附着在玻璃瓶的侧壁上形成白霜。使用净化过的水可以控制这种情况的发生。也可以使用蒸馏水、软水来解决这个问题，不过成本较高一些。

下功夫消除缺点

浇水的问题，可以将生态瓶逐一放入更大的玻璃瓶中，从某种程度上加以解决。用喷雾器浇水时，使用蒸馏水或者软水，也可以解决这个问题。

欲在生态瓶中种植需要强光照的植物时，就要选择这种开放型的容器。不同的植物，其照料方法也不同。可以将特性相同的植物种在一起，制作出和谐的作品。

Making a Scene
制作场景的材料

灵活应用一些材料在生态瓶的空间中制造出某一种场景。

砂

富士砂、日光砂、日向砂、寒水砂

使用各种沙砾在容器中制造出清澈的溪流、海滨、通往林中的小路等。除了上图中的几种沙砾外，还可以使用虾夷砂、轻石、水草缸用底砂等。

这些砂都是园艺用材料或水草缸用砂，没有细菌和有机肥料。为了避免对植物生长的不良影响，必须选择不含杂质、不会有细菌繁殖的材料。

水草缸用的材料，大多经过了对生物无不良影响的处理，可以放心地用于生态瓶中。

石

通过配置石头，可以制造出各种各样的景观。详细地讲，有气孔石、红木化石、熔岩石、水草缸用石等。虽说路边的小石子也可以用，但是盆栽用石、水草缸用石中有小虽小但造型有趣的，用这种石材可以拓展作品的风格。

将石头固定在钉子上后，差不多就可以在生态瓶中制造出一个景了，可以将其插到土层上。用这种简单的方法就可以让景观发生改变，确实非常方便。将石头固定在钉子上时无法用胶枪固定，只能用黏合剂完成。

流木

为了避免发生霉菌等问题，以前的生态瓶中基本上都不会使用流木。随着湿地缸对流木的灵活运用，在生态瓶中使用不容易发生霉菌的流木也成为可能。

经过杀菌处理的流木

人物、动物等

■ 制作方法中的要点

在制作有人物或者动物的风景中使用。主要使用的是铁路模型。

用胶枪将玩偶的脚底固定在不锈钢制造的钉子上，也可以使用黏合剂，但是需要放置一段时间才能固定。而且，快速黏合剂怕水，一段时间之后可能会脱落。所以，最好使用易于操作、不会老化的胶枪。

按照下图所示顺序将玩偶的脚插入钉子上的胶中时，将钉子转一转是关键点。如果不这样转一转，就和脚踩进新下的雪一样，很容易拔出来。转一转可以将这个坑封闭，进行物理性固定。

准备一个长度在20毫米以内的钉子，尽量细一些，平顶的。

胶枪，头部尖细、有开关、可竖直摆放的用起来更方便。

胶的固定作用不是靠接触完成的，而是靠物理性包裹完成的。用胶枪在钉子平顶的侧面打上胶，将平顶从上到下都包裹起来，然后再将玩偶的足部插入其中。

将玩偶固定在钉子上时

四只脚的动物

因为脸是最醒目的，所以应选择离脸最远的后脚进行固定。

两只脚的人物

对有走、跑等动作的人物玩偶进行固定时，应选择重心所在的脚进行固定。

Tools for a Terrarium

制作生态瓶所需的工具

介绍一些必备、好用的工具，有的是家庭中常见的身边之物，

有的是在小超市就能买到的，还有专业一点的工具等。

1 水壶

用于浇水、制作生态瓶时往土中加水等。

2 喷雾器

很多时候都会用到，如浇水、清洁玻璃瓶侧面、制作生态瓶、利用水压移动容器底部铺着的沙砾等。如果能准备一个带导管的，作业范围会更大。

3 纸巾

清洁玻璃容器侧面时使用。不容易掉渣的更好用。

4 漏斗

往口比较小的玻璃容器中加土时需要用到。尖端太细的话，容易被土堵塞，所以需要根据所用土的大小来进行准备。

5 土壤

土壤的选择方法详见第24页。

6 碗

清洗植物、装剪切产生的垃圾等时使用。准备几个小一些的会比较方便。

7 制造场景的材料

场景制造材料的选择方法详见第30页。

8 玻璃容器

玻璃容器的选择方法详见第26页。

9 可以和苔藓一起种植的植物

可以和苔藓一起种植的植物详见第23页。

10 苔藓

苔藓的购买、保管方法详见第90页。

11 镊子

镊子是必需工具。应根据所用容器的大小和形状，选用适合的镊子。所以，最好能按照以下几点要求多准备几个。

① 尖端尽量细的镊子……种植苔藓植物时，需要插或拨。若镊子尖太粗会在植物上扎出大洞。
② 尖端能防滑的镊子……摘、插时，尖端有防滑槽的镊子操作起来会更方便。
③ 长镊子和轻镊子……在大容器中操作时需要长一些的镊子。30厘米长的镊子可用于大多数的生态瓶。有些生态瓶需要长时间作业，建议使用重量轻的镊子。

12 棍子

制作生态瓶时，常需要从上方敲一敲、平整土壤，准备一根长20厘米以上的棍子，操作起来会比较顺利。

13 勺子

往玻璃容器中添加土、沙砾等材料时需要勺子。加土时用大勺子，描绘细致风景的沙砾需要柄长、尖端细的勺子，理科实验中用的药勺就很适合。

14 滴液吸移管

玻璃容器中加水过量时、调整水量时，需要使用滴液吸移管。加入有根的植物后，为了更换土壤中的水，过几个月就要大量加水，然后用滴液吸移管去除所有多余水分，进行维护。

15 剪刀

修剪长得过高的植物、枯萎的植物、清理苔藓植物上附着的土时，需要使用剪刀。修剪植物是精细作业，使用尖端较长的剪刀更方便。清理苔藓下部附着的土时，土中大多掺杂着小石子，会伤刀刃，所以应当用价格便宜的剪刀。

16 沙砾

沙砾的选择方法详见第30页。

杀菌剂、杀虫剂

制作生态瓶时，对植物进行清洗、杀菌、杀虫是必不可少的。

而往水草缸中加入植物时，就不能使用这些。这一点需要注意。

Live with Terrarium
生态瓶的制作与培育方法

动手，开始制作生态瓶吧。

从小型的入门作品到展现宏大场景的作品，本书一共介绍20个生态瓶。

此外，为了让制作完成的生态瓶能一直保持生机，再介绍一些有关光照的知识。

1 所有的植物、材料都应该清洗干净后再入瓶

生态瓶中不能放有细菌或细菌容易繁殖的土、有机肥等。因此，进入生态瓶的植物、材料都要先清洗干净。这一点很重要。

附着在苔藓下部的土，已经枯死的茎和叶等，都要用剪刀清理干净。

植物的根应该在流动的水下面清洗，尽量将土清洗干净。对有根的植物来说，如果根干掉就活不了，所以最好在种植准备工作都完成后再进行洗根的工作。

逐一插入苔藓植物时，在碗中装上水，用镊子将苔藓植物逐一清洗干净后插入，能完成得更好、更美。

2 土壤层的高度控制在容器高度的三分之一以下

往生态瓶中加土壤时，应该注意，完成后的地面高度不能超过生态瓶总高度的三分之一。超过这个高度，植物的生存空间太小，看起来就很难受。

沿着溪边小路向山顶进发

高度17厘米
直径9厘米

相关信息
形式：半开放型
容器：普通罐头瓶
植物：①东亚万年藓
　　　②大桧藓
　　　③桧叶白发藓
用土：基础用土

简单的构成也能制作出各种各样的风景

　　用苔藓、石头、沙砾构成的风景，简单而美丽。用同样的方法，还能制造出登山、牧场、森林附近的村庄等各种各样的风景。管理起来也很简单，这也是其魅力所在。

　　装杂货用的玻璃瓶，没有密封设施，盖子的缝隙间会有空气进入，所以，可以当作半开放型的生态瓶。如果种植的是常绿植物，可以在盖子和瓶身之间贴3处左右的硅质密封垫片，扩大缝隙，就能让更多的空气进入到生态瓶中。

开始 ━━ 配置土、石、沙砾 ━━➤

1

将土加入容器中。完成时土层的高度控制在容器高度的三分之一，平衡感最好。

11

重复第7~10步，完成草坪的作业。注意在生态瓶的侧壁和土之间不要种植物，是让生态瓶看起来更漂亮的秘诀。

12

如果要将大桧藓集成一束，需要将叶和茎都对整齐。叶的弯曲方向一致，就能表现出树木成林的景象。如果呈放射状，就能表现出花的意境。

13

统一保留2厘米长的茎，用剪刀剪掉多余的部分。

制作方法 掌握制作苔藓生态瓶的

10

用镊子尖夹住苔藓插入土中，然后将镊子拔出。注意，是插入而不是放在那里就可以了。

[秘诀]
拔镊子时，如果放得太开，周围的土会被拨到很远的地方，所以要尽量控制在最小角度。而角度太小可能发生苔藓跟着镊子一起被拔出的情况，所以最好用筷子等从上面轻轻按压住苔藓。

完成

将纸巾团成纸团，把玻璃容器侧壁上的污物擦拭干净，就完成了。使用不掉渣的纸巾更方便。

18

动物和人物玩偶部分，用镊子夹住钉子的硅胶部分。夹的时候注意让钉子和上面的玩偶在一条直线上。

9

在碗中装上水，用镊子将苔藓夹住，漂一漂，清洗干净。

8

用镊子尖的内侧将东亚万年藓的叶子夹住。

7

取一根东亚万年藓，将附着在苔藓上的土、变成浅灰褐色的茎叶清理干净，避免带入生态瓶中。

2

配置石头。为避免作业中以及完成后石头活动，不论是竖着放还是躺着放，都应将三分之一的石头埋入土中。

为保证不论从哪一个角度都能看到风景，配置时应离玻璃瓶壁稍远一点。
按照三角形结构进行配置，平衡感会比较好。将石头的角朝向容器的中央进行配置，作品的稳定性会比较好。
石头配置好之后，将推到外侧的土往中央推。

3

用水壶往生态瓶中加水，直至全部的土都吸收了足够的水为止。

14

不论是一束还是一根都一样。用镊子尖的内侧将苔藓夹住。

15

用镊子将茎插入土层中。插入一束苔藓时，最好先用镊子在土里挖一个坑，拔镊子时的动作要领同第10步。

4

将生态瓶倾斜一下，如果有水流出来，就用滴液吸移管吸走。注意别将石头也倒掉了。

全部基本技术

16

插入东亚万年藓，地下茎的部分可以保留、也可以剪掉，操作要领同第14~15步。

5

用白砂表现河流、用浅灰褐色的沙砾表现道路时，可用药勺一点一点地铺洒。

[秘诀]
如果想将沙砾铺得漂亮，需将容器斜着，拿药勺子紧贴着地面，然后将药勺子和生态瓶同时竖立起来，沙砾落下，就能漂亮地铺在自己想铺的地方。

17

苔藓的叶尖碰到生态瓶的玻璃侧壁容易造成积水，发生病变，所以应尽量配置在离玻璃侧壁稍远的地方。

配置苔藓

配土
完毕

6

土、石、沙砾的作业完成了。如果在这个阶段就将插苔藓的地方和不插苔藓的地方都设计好并预留出来，后面的作业就能顺利进行。

一头牛在牧场上吃草

高度8厘米
直径7厘米

相关信息
形式：半开放型
容器：罐头瓶
植物：①桧叶白发藓
　　　②大桧藓
用土：硅酸盐白土
　　　玉沙砾
　　　干燥泥炭藓
　　　树皮培养土

前面用大的苔藓植物，后面用小的苔藓植物，表现出有远近感的风景

按照硅酸盐白土→玉沙砾→干燥泥炭藓→树皮培养土的顺序堆叠土壤层，在上面配置桧叶白发藓，表现牧场草地，然后用大桧藓表现树木。将大的苔藓植物安排在近处，小的苔藓植物安排在远处，呈三角形配置，表现出远近。

容器的高度为8厘米，在这么小的容器中制作景观时，地表的高度特别重要。将地表高度控制在容器高度的三分之一，作品的整体平衡度是最佳的。

从高高的山岩上眺望四周

高度10厘米
直径8.5厘米

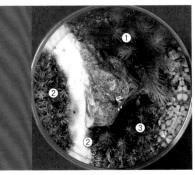

在中央配置一块小石头，看起来好似一块大岩石

将一块水草缸中使用的龙王石放置于中心偏右的地方，以这块龙王石为中心制作出这一作品。虽然小石头拿在手里还没有手掌大，但是用在这个生态瓶作品中，看起来却好似让人仰止的巨大岩石。

在这块巨大岩石的背后，用寒水砂制造一条从岩石旁边流过的河流。在培养皿的盖子上贴硅质密封垫片，将生态瓶制作成半开放型。

相关信息
形式：半开放型
容器：高腰玻璃培养皿
植物：① 大桧藓
　　　② 桧叶白发藓
　　　③ 金发藓
用土：基础用土

作品
04

流淌在热带丛林中的河流

使用水草缸用水草，用寒水砂表现小河

高度6.5厘米
直径9.5厘米

这个生态瓶中使用了水草缸中专用的隐棒花。旁边种植了垫子莫斯。中间用寒水砂制作流动的小河，整体上表现出从热带雨林中流过的小河。

在玻璃皿的盖子上贴上硅质密封垫片，将整个生态瓶制作成半开放型。

相关信息
形式：半开放型
容器：高腰玻璃培养皿
植物：①桧叶白发藓
　　　②梨蒴珠藓
　　　③隐棒花
　　　④垫子莫斯
用土：湿地缸用底床（丛林底床）
　　　湿地缸用土（丛林土）

生长在苔藓球上的草木

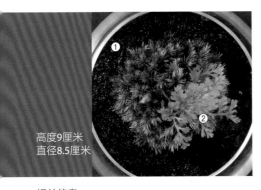

高度9厘米
直径8.5厘米

相关信息
形式：开放型
容器：茶杯
植物：①桧叶白发藓
　　　②常绿海州骨碎补
用土：树皮培养土

控制用土的高度，即使是开放型生态瓶也能控制浇水的频率

　　将树皮培养土团成圆球状，作为芯。然后，逐一插上桧叶白发藓，插满，成一个苔藓球。在苔藓球上部配置常绿海州骨碎补。在盆栽中，有将植物的根附着在岩石上的"岩石附着"技术，这里可以如法炮制。

　　在容器的底部，铺上树皮培养土。因为是开放型生态瓶，所以需要每隔几天就浇水。如果放入另一个有一定深度的玻璃容器中（见第6页），周围变成类似半开放型生态瓶的环境，就可以减少浇水的次数，控制浇水的频率。

　　开放型生态瓶容易出现干燥问题。如果用喷雾装置浇水，让植物表面保持湿润，那么，在玻璃瓶的侧壁上会出现水汽，干燥后会留下污渍，所以应该改用水壶浇水。

水草在完全密闭的空间中生长

高度20.5厘米
直径10.5厘米

相关信息
形式：密闭型
容器：药瓶
植物：① 桧叶白发藓
　　　② 水榕
用土：硅酸盐白土
　　　玉沙砾
　　　干燥泥炭藓
　　　树皮培养土

植物种类有限，半年到一年浇一次水

这个作品是在依次用硅酸盐白土→玉沙砾→干燥泥炭藓→树皮培养土铺成的基底上配置桧叶白发藓，中间配置水榕。因为瓶子是完全密闭的，所以可以半年到一年才浇一次水，平时基本不用管它。

瓶中配置的植物是水草、适合在完全密闭的环境中生长的苔藓。

制作完成后的第1~2天，需要将盖子打开，将制作时留在里面的多余水分消耗或蒸发掉，调整水分含量。

坐在小船上仰望湖畔的大树

有大树有船的大型风景，让生态瓶中的造型生动起来

坐船游玩的两个人，突然发现湖畔的大树，一个人停住划桨的手，另一个人用手扶着眼镜、举目远眺。

在生态瓶专用的、设计感十足的容器中，植入观叶植物越橘木莲子。湖面与手划平底船组合后，在造型独特的容器中展现出一个大型的风景。

高度 29.5厘米
直径10.5厘米

相关信息
形式：半开放型
容器：玻璃瓶
植物：① 越橘木莲子
　　　② 大桧藓
　　　③ 垫子莫斯
　　　④ 桧叶白发藓
用土：基础用土

长满苔藓的山上长满苔藓的岩石

高度14.5厘米
直径10厘米

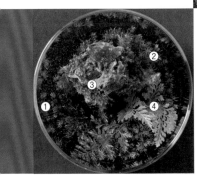

相关信息
形式：半开放型
容器：玻璃罐
植物：①桧叶白发藓
　　　②桧叶藓
　　　③圣诞莫斯
　　　④常绿海州骨碎补
用土：湿地缸用底床（丛林底床）
　　　湿地缸用土（丛林土）

让圣诞莫斯附着、表现长满苔藓的岩石的肌理

让水草缸用的圣诞莫斯附着在气孔石上，简单又容易，表现出长满苔藓的"苔岩"。加入常绿海州骨碎补，展现出广阔的世界。

容器是玻璃瓶，贴上硅质密封垫片，就变成了一个半开放型生态瓶。

欣赏如方丈庭院般的苔庭

灵活运用造型材料，让苔藓附着在石头上。到了开花的季节，还会开花哟

　　这是一个在立方体容器中制作完成的苔庭。在气孔石的缝隙中埋入很好用的造型材料"造型君"（一种在粉碎成末的树皮中加入类似沸石的硅酸盐后形成的造型材料——译者注），并在其上面配置梨蒴珠藓（详细介绍见第62页）。

　　在中央的位置配置白鸟羽毛，这种植物从春季到秋季都会开白色小花。再在白鸟羽毛的旁边添加一些常绿海州骨碎补。

高度18.5厘米
边长10.5厘米

相关信息
形式：半开放型
容器：食品罐
植物：① 白鸟羽毛
　　　② 常绿海州骨碎补
　　　③ 桧叶白发藓
　　　④ 大桧藓
　　　⑤ 梨蒴珠藓
用土：湿地缸用底床（丛林底床）
　　　湿地缸用土（丛林土）

高度34厘米
直径17厘米

作品
10

热带大草原的小河边，两头长颈鹿在小憩

相关信息
形式：半开放型
容器：盛甜点用的果盘形容器
植物：① 海州骨碎补
　　　② 越橘木莲子
　　　③ 常绿海州骨碎补
　　　④ 桧叶白发藓
用土：硅酸盐白土
　　　玉沙砾
　　　干燥泥炭藓

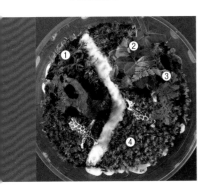

灵活运用厨房里的容器。利用造型材料，将苔藓固定在石头上

　　这是一个在盛放甜点的果盘形容器中制作出来的风景，在热带大草原的小河边有两头长颈鹿在小憩。果盘的盖子和果盘之间留出3厘米左右的缝隙，让空气流动。

　　在土的最上层即树皮培养土那一层，通常使用"造型君"固定苔藓等植物。利用"造型君"将常绿海州骨碎补固定在气孔石上。小河则用寒水砂进行表现。

作品
11

夏日中用大剪刀除草的人

FEEL THE GARDEN

高度19.5厘米
直径11.5厘米

灵活运用密封垫片，给长颈瓶设计一个盖子

一位大叔拿着大剪刀，咔嚓咔嚓地剪着草，什么时候能剪完呢？

这是一个利用长颈瓶制作而成的、很有Feel The Garden风格的生态瓶作品。

在长颈瓶的上部贴上密封垫片，在瓶口上放一个玻璃圆球当瓶盖。这样的构造可以让外部的空气进入生态瓶。长颈瓶那长长的瓶颈有助于瓶内保湿，所以浇水的频率可以控制在一个月一次。

长颈瓶加玻璃球盖的组合，让生态瓶管理变得简单，很多植物都可以适应。

相关信息
形式：半开放型
容器：带盖的长颈瓶
植物：① 圣诞莫斯
　　　② 大桧藓
　　　③ 桧叶白发藓
用土：基础用土

岩石的斜坡上，长满茂盛的草

高度15厘米
直径11厘米

灵活运用造型材料，让苔藓附着在石头上，用以表现绿草

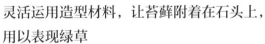

这个作品表现的是在岩石向阳的斜坡上长满绿草的茂盛景象。在保存食品用的玻璃瓶罐上贴上硅质密封垫片，留出供外部空气进入的空隙。

第62页介绍这款生态瓶制作方法时，也介绍了能自由造型、能种植物、方便又好用的造型材料"造型君"的使用方法。

借此机会掌握一种在岩石等突出醒目的物体上种植苔藓并让其成活的方法吧。

相关信息
形式：半开放型
容器：食品罐
植物：①桧叶白发藓
　　　②越橘木莲子
　　　③梨蒴珠藓
　　　④垫子莫斯
用土：水草缸用底床（丛林底床）
　　　水草缸用土（丛林土）

开始

1 在容器中依次铺上水草缸用土壤、水草缸用基土。地面的高度控制在玻璃瓶总高度的三分之一处。

完成

苔藓生态瓶所需要的光照。

制作方法 | 掌握利用造型材料

7 用镊子尖夹住植物的根尖，种入土层中。一次就插到位有一点困难，可以在插入一点后摇晃镊子，然后按照同样的角度插入即可。

6 用流水将植物上的土清洗干净。为避免植物的根长时间与外部空气接触，不要将其摆在外面、暴露在空气中不管。无法立即进行后续操作时，最好用纸巾之类的给根保湿。

2 用适量的水将造型材料"造型君"调到适合的硬度。水过多时，可用勺子背挤压后再用。

3 在石头的缝隙处填入"造型君"，并在"造型君"上面插入苔藓。

让苔藓在石头上生长的技术

5 在石头与石头之间的缝隙中填入"造型君"进行固定。

4 将附着苔藓的石头和其他石头放在生态瓶中央，进行组合造型。不论哪种石头都应将三分之一埋入土层中，保证能稳稳地固定住。

苔藓生态瓶所需要的光照

在大多数人的印象中，苔藓是生长在阴暗角落处的植物。但是，在完全黑暗的地方，苔藓是无法生长的。那么，在生态瓶中种植苔藓时，什么样的光照最合适呢？让我们回到植物与光照的原点来说明一下吧。

光合作用

从植物的角度来讲，光是必不可少的。没有光就没有光合作用

只要是绿色植物，都离不开光。苔藓当然也一样。

植物以二氧化碳（CO_2）中的碳（C）为基础，合成各种各样的有机物，构成自己的机体。这个时候，叶绿体充当工厂，灵活利用光。

不过，植物当中也有不具备叶绿体的、人们称之为腐生植物的变种。它们不进行光合作用，而是依靠菌类进行生长和繁殖。当然，菌类是从进行光合作用的植物那里获得营养的，所以，也可以说是间接得到阳光的恩惠。没有光就没有植物。

什么是光

人类肉眼可见的电磁波就是光，波长越短，能量越高

如下图所示，我们所说的光，是电磁波中的一部分（可见光）。而且，正如电磁波这个名字所说的，电磁波会像波一样振动。

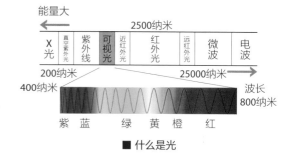

■ 什么是光

如下图所示，电磁波每一次振动前进的距离称为波长。波长越短，振动次数（频率）越多，因此，能量也越大。此外，在可见光领域内，频率不同，呈现出的颜色也不同。

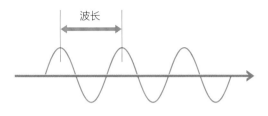

■ 什么是波长

从红光到紫光，频率由低到高，植物接收到的能量也由低到高。

频率的数值用Hz（赫兹）为单位来表示。例如，50赫兹就是1秒钟内振动50次的意思。

一般的，植物进行光合作用的部分——叶绿体中含有光合成色素，容易吸收的波长为480纳米、680纳米。因此，栽培植物时都需要青色光和红色光。

青色光…波长：345～490纳米，
频率：（大约）700兆赫兹
红色光…波长：600～700纳米，
频率：（大约）450兆赫兹

不仅青色光、红色光有效，绿色光也有效

稍早前，人们一般都认为绿色光是没有用的。但是，从植物实际的生长繁殖结果来看，不能这么说。看一看下面的图片，图中是用赤、绿、青、青红色波长的LED灯照射40天后的锦紫苏。

只照射红光LED灯的植物枯萎了。但是，只照射绿光灯的植物呢，原以为活不了，结果却活了下来。

（图①）刚植入时
（图②）种植40天后

最右边的是用生长灯（见第67页）照射培育的锦紫苏，枝节之间长出了很多的侧芽，是自然生长的状态

■ LED灯照射培育的锦紫苏

绿色光在植物体内如何代谢的呢？虽然其代谢路径尚不明，但灵活利用绿色光的机制正慢慢得到解释。

其中之一是，正因为绿色光难以被叶绿素吸收，所以能达到叶内部深层，被内部海绵组织反射，多次到达叶表面大量分布的叶绿素（见下图），增加了光合作用的量。

叶绿体集中分布在接近表层的部分，叶的深处是海绵状组织

■ 虎耳草叶横截面

照明

在室内栽培植物时的照明，LED灯比荧光灯有利得多

最近几年，日常生活中的照明器具，从荧光灯一下子变成了LED灯。

若从植物栽培的角度对两者进行评价，从下图可知，从波长来讲，LED灯比荧光灯好得多。如果说荧光灯的优点在于光的扩散性，那么，LED不仅改善了光的扩散性（例如，经过了晕光加工，或者增加了扩散光的构造），而且电费更便宜这一经济上的优势，也是人们不得不选择LED灯的理由。

太阳光

荧光灯光
　日光色荧光灯
　植物培育用荧光灯

LED灯光
　KOTOBUKI LED灯
　电灯泡型（日光色）LED灯

※使用FLODABLE MINI-SPECTROMETER进行摄影

■ 不同光源的波长差异

苔藓

在远离光源的地方，需要1000勒克斯的亮度

那么，有多少光到达植物呢？这是非常重要的一点。光是植物的主食，光不足，植物就不能活。

人类的眼睛能够通过瞳孔的调整来适应光的明暗，我们对明暗感觉不完全准确。为了避免生态瓶中的植物出问题，建议使用照度计（见下图）。生态瓶中种植的苔藓等阴性植物，生长在离光源最远的地方，确保1000勒克斯是一个标准。

■ 准确把握光量所需的重要工具——照度计

离光源近的地方，容易把叶子烧坏，也需要注意。

大家都知道，光与植物的生理有关。但是还有一些未解之谜，不同种类的植物，其反应也各不相同。

但是，能明确肯定的是，对植物培育来讲，以自然为师，是最重要的。按照自然的光照环境那样，积极、适当地利用人工照明，可以说是成功培育植物的捷径。

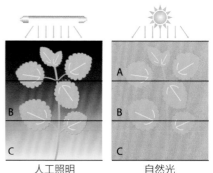

人工照明　　　　　自然光

人工照明时，离光源越近，光越强

■ 人工照明和自然光的差异

最适合苔藓生态瓶的照明器具

前面已经说明过，若要在生态瓶中安全并成功地培育苔藓，最好使用适当的人工照明。

下面介绍一些值得信赖的植物栽培用照明器具。请在挑选器具时参考。

最适合的照明器具 | **生长灯**

为培育植物而设计，最接近自然光

前面说过（见第65页），人们曾经以为植物喜欢的光是青色光、红色光。因此，市面上开始有青赤色光的灯出售。但是，从生态瓶欣赏的角度来说，青赤色光不自然，不能说是合适的光。

当人们知道绿色光对光合作用也很重要后，包含绿色光的、也就是接近自然光的照明器具的设计变得很重要。

光照时，物体颜色的视觉效果称为"演色性"。演色性可以用Ra（平均演色评价数）数值来表示，这个数值越接近于100，对本来的自然色的再现力就越高。

小型生长灯，Ra高达90，还有可扩散光的设计，适用于照射可接近自然光的植物。

2 最适合的照明工具 | LED 苔藓灯

在生态瓶容器中安装LED灯，追求设计性

与房间的室内装修协调。防止结霜，同时保湿

LED 苔藓灯是安装在生态瓶内的LED照明器具，支持植物的光合作用。即使在没有自然光的环境中，也能依靠LED灯的光和水培育植物。此灯还能充当室内照明。

在室内培育植物时，自然光的照射仅限于窗边。但是，如果有了带LED灯照明的生态瓶，在自然光到达不了的地方也能培育植物，满足室内需要。而且，通过调光开关，还能调节亮度，以免破坏室内空间的氛围。

开灯时间，则使用计时器保证每天开灯8小时。浇水、喷雾等每周进行1~2次。在设计上，一方面防止生态瓶内部结霜，另一方面保持一定的湿度。

LED灯实现小型化，可追求设计性

最近数年，LED灯的规格趋于完备。高照度使演色性提高，价格也越来越便宜。LED灯因为紫外线和红外线少，照射后植物病变少，是当今在生态瓶中培育植物时最适合的光源。

以前，使用荧光灯、小型HID（氙气灯）的生态瓶，容器方面都以大型的容器为主流，没有开发出设计性高的照明器具。

LED苔藓灯光源的规格数据是：器具光束500流明，功率7瓦。电费呢，每天照明8小时，一年大约500日元（约合人民币30元——译者注），很便宜。灯泡寿命长达4万小时，可使用约15年。光的颜色，鲜艳娇嫩的植物绿，看起来很自然。色温5000开尔文，演色性Ra为85，接近太阳光，看起来很美。

■ 细叶小羽藓的培育

| 2013年 | 2016年 | 2019年 |

此外，LED苔藓灯的电源适配器是世界通用的AC100～240伏、50～60赫兹兼用。

不同种类苔藓所需的光照也各不相同，LED苔藓灯有四种亮度可选择

用照度计测一下自然界中苔藓自然生长的地方就可知道，苔藓植物生长所需的亮度是家庭起居环境亮度的10倍以上。

人们一般都容易误以为苔藓生长在1000～8000勒克斯的环境中。实际上，喜日照的苔藓生长在80000～100000勒克斯的环境中，喜半阴的苔藓生长在20000～40000勒克斯的环境中，喜阴的苔藓生活在1000～8000勒克斯的环境中。右上图为培育苔藓植物所需亮度的详细情况，需要时可以参考一下。

LED苔藓灯有调光开关，可根据植物的种类、生长情况、摆放环境和位置调节亮度，共有4档（见下图）。一般先开50%的亮度，再根据植物生长的情况随时进行调节。在起居室中，休息、休闲时，5%的亮度有利于保持氛围，推荐大家试一试。

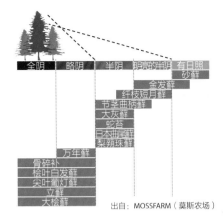

出自：MOSSFARM（莫斯农场）

■ 不同日照量下可见到的苔藓植物

与自然光不同的是，人工光源不能移动，因此最好是利用反射光

和自然光相比，带LED灯照明的生态瓶，上下部分的光照量差别非常大，而且光线不会从东往西移动。所以我们需要利用反射光。

LED苔藓灯所采用的水滴形玻璃瓶，能反射LED灯的光，是最佳的形状。喜光照植物，需要配置在距离光源近的地方。

苔藓植物为深绿色时需将灯调亮，而苔藓植物为浅绿色时需将灯光调暗。此外，植物发芽、开花时，因为LED光源缺乏紫外线和红外线，所以还必须添加其他光源。生态瓶管理中最重要的是保证相当于日光直射的亮度。日光直射时，生态瓶内的温度上升，植物进入蒸发状态，容易受伤。室内温度超过30℃时，建议开空调，让温度保持在25～28℃。

■ LED苔藓灯的4个亮度

100%（4000勒克斯）　50%（2000勒克斯）　15%（600勒克斯）　5%（200勒克斯）　关灯

天照LED灯

BARREL植物灯 × kumanomi360

极致追求和太阳光一样的能量和呈现方式

徒长表示植物不喜欢自己的生长环境

"和植物一起生活"这种新的生活方式正被越来越多的人接受。室内绿植养护及细分行业都在迅速发展，绿植养护中首先需要解决的就是光的问题。

植物爱好者的烦恼中，最大的就是天气不好带来的日照不足。如果长期日照不足，植物会将从不充分的光合作用中获得的能量大部分用于追逐阳光，于是就长成那个样子了。

一般所说的徒长，换句话说，是植物在表达"不想住在这里"的意思。往上伸展的姿态，容易让人误以为是植物长高长大了。实际上呢，当阳光充足时，植物没有必要那么拼命地往上伸展。

培育植物用的LED灯，满足了植物最需要的光的需求。可以说是必需项目。一般家庭用的植物培育专用LED灯中，天照LED灯发出的光还很漂亮。

如果植物见不到光，就会徒长

与徒长有关的最新研究成果表明，与光的强弱相比，植物能否见到光对植物的影响更大一些。徒长最大的原因，可能是"植物感觉到什么东西的影子挡住了阳光，或者产生了这种错觉"。当然，当亮度处于最低必需光量（光合成补偿点）时，植物也会徒长。

能解决植物照明问题的，不仅仅有阳光，还有在植物培育中发挥作用的植物培育专用照明。

植物培育专用照明设备中，天照LED灯的特点是，透明光，接近太阳光的能量。光源为300000勒克斯、6000PPFD（光合光子通量密度）以上。而且，重点放在植物是否能自然地见到光上。天照LED灯的光让植物健康成长，也能呈现自然的状态，给人以美的享受。

只有一个发光晶体，防止跑光和光不均匀

就光照下物体的姿态和演色性来说，太阳光的Ra为100，天照LED灯光的Ra为97，非常接近太阳光的数值。所有的颜色都有连续性地包含在

其中，所以，不论什么颜色的叶子，看起来都很鲜艳亮丽。除了反射的颜色的光之外，都以某种形式被叶子接受，即使有植物不需要的颜色的光波长，也不会发生光照不足的问题。

除了反射的颜色的光之外，叶子能接收到其他各种形式的光，所以，即使有植物不需要的颜色的光波长，也不会发生光照不足的问题。

此外，天照LED灯的光中含有所有颜色的光，意味着它接近太阳的自然光，对于植物来说，有着如假包换的色彩。

天照LED灯最大的特点是，一个发光晶体就能实现Ra97。

正因为晶体只有一个，所以不会出现许多影子，以及多个不同颜色的晶体一起发出的光重叠时产生的跑光、光不均匀等问题。这也是天照LED灯努力追求视觉效果同太阳光一样的结果。

既考虑植物的"心情"，也考虑共同生活的人的心情

天照LED灯一投放到市场，就引起强烈反响。这是因为不论谁都对"太阳"给予极大的肯定。和在太阳光下一样的呈现效果、和在太阳光下一样的能量的LED灯，对植物来说，可以说是最喜欢的人工照明。

天照LED灯的研究和开发工作，是专业人员和栽培植物的普通家庭一起，共同进行和完成的，设计上既考虑了植物的需求，也考虑了共同生活的人的需求。这是天照LED灯的设计指导思想。

■ 颜色的比较
Ra97的天照灯（图①）和Ra83的住宅用普通LED灯（图②）之间，颜色呈现差异很明显。特别是红色和绿色的差异非常显著

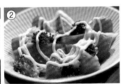

■ 影子之美的比较
一个发光晶体的天照LED灯（图①）照射下产生的影子，没有跑光和光不均匀的问题。与多个颜色不同的发光晶体照射下产生的影子（图②）相比，影子更美

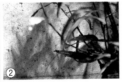

■ 与水草培育用灯的不同效果

雨林灯60　　　　　　　水草培育用灯

湿地缸中

雨林灯 30/60

可欣赏热带雨林植物特有之美的光的构成

这是主要为培育热带雨林植物的缸系统30/60开发的RGB型的照明器具，决定光质的R（红）、G（绿）、B（蓝）的平衡与水草培育用照明完全不同。为了让热带雨林特有的绿得发蓝发亮的叶子、色彩鲜艳的小型原生种兰花等呈现出美丽的形象，厂家独有的RBG构成（照度，10厘米正下方约为15000勒克斯），适合普通的、一般的宽30厘米的缸。

生长在原野中央的树木

沐浴着舒适的阳光，苔藓每天都在生长

高度30厘米
直径17.5厘米

相关信息
形式：半开放型
容器：苔藓灯
植物：① 桧叶白发藓
　　　② 白鸟羽毛
用土：水草缸用底床（丛林底床）
　　　水草缸用土（丛林土）

　　这是一款使用集照明和容器于一体的苔藓灯制作而成的生态瓶。

　　在这个容器中，苔藓每天都在生长，树木的枝叶伸展，还会开花。日渐长大的苔藓，将当初配置的三处石头都覆盖，大有掩映之势。

高度20厘米
边长20厘米

一个旅行者走在没有尽头的路上

用风景生态瓶的技法创造旅行者行走的道路和险峻的风景

这是一个旅行者在通往远方的山路上跋涉的风景。作品使用了20厘米×20厘米×20厘米的缸。调整玻璃盖的缝隙，可以调整生态瓶的密闭度强弱。

在FELL THE GARDEN，于生态瓶中制造风景的风格称为"风景生态瓶"。我们一直在探究"风景生态瓶"的制作技术。用黏合剂将石头组合在一起，筑成山体，在黏结处用造型材料"造型君"进行填充。

相关信息
形式：半开放型
容器：20厘米×20厘米×20厘米带盖缸
植物：① 白鸟羽毛
　　　② 东亚万年藓
　　　③ 圣诞莫斯
　　　④ 大桧藓
　　　⑤ 桧叶白发藓
用土：水草缸用底床（丛林底床）
　　　水草缸用土（丛林土）

探寻淹没在茂密森林中的古代遗迹

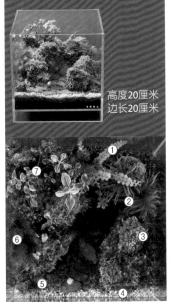

高度20厘米
边长20厘米

相关信息
形式：半开放型
容器：20厘米×20厘米×20厘米带盖缸
植物：① 肾蕨
　　　② 东亚万年藓
　　　③ 圣诞莫斯
　　　④ 肾蕨
　　　⑤ 桧叶白发藓
　　　⑥ 大桧藓
　　　⑦ 白鸟羽毛
用土：水草缸用底床（丛林底床）
　　　水草缸用土（丛林土）

修筑石头城垣，堆上土，制造出高低错落的风景

　　这是一个步入被森林淹没的古代遗迹的风景。将红砖加工细碎后组合在一起，表现遗迹的墙壁和石头铺成的道路。红砖的缝隙用"造型君"加以填充和固定，在上面插入圣诞莫斯。

　　为了制造出高低错落的效果，不仅制造出石头城垣，还在深处堆上了土。这个作品和第14号作品一样，采用了20厘米×20厘米×20厘米的缸。通过调整玻璃盖的缝隙，可以调整密闭度的强弱。

相关信息

形式：半开放型

容器：15厘米×15厘米×15厘米带盖缸

植物：① 聚豆树兰
　　　② 圣诞莫斯
　　　③ 泰国水剑
　　　④ 三裂天胡荽
　　　⑤ 椒草
　　　⑥ 伦草

用土：水草缸用底床（丛林底床）
　　　水草缸用土（丛林土）

高度25厘米
边长15厘米

作品
16

踏进热带丛林

将苔藓固定在流木上，让兰草附生在上面

　　这是一个将兰草、水草、苔藓固定在流木上制作而成的湿地缸。将苔藓贴在流木上，用线缠绕、固定，然后将兰草附着在上面。

　　虽然这个湿地缸的中心是兰草和水草，但是很多地方都可用到生态瓶的技术。可以说，水草缸技术和生态瓶技术的融合点就是湿地缸。

坐在石头上给两个孙子讲故事

在另外一个生态瓶中培育大桧藓。待其长大后，先修整后用

　　将石头放在中央，制作出小山，然后在山顶上种树。老爷爷坐在石头上，给小孙子们讲故事。

　　在容器盖子的缝隙处贴上硅质密封垫片，制造出缝隙。

　　大桧藓是在另外一个密封度高的生态瓶中长时间培育而成的，已经徒长了。修整后用到这里，烘托氛围。

高度32.5厘米
直径19.5厘米

相关信息
形式：半开放型
容器：旧货店中发现的酒瓶
植物：①大桧藓
　　　②白鸟羽毛
　　　③桧叶白发藓
　　　④梨蒴珠藓
用土：水草缸用底床（丛林底床）
　　　水草缸用土（丛林土）

在瀑布下方的溪流边伫立着一匹马

高度29.5厘米
直径19厘米

利用凝固的胶水表现瀑布的大水流

将胶枪的胶水拉成丝，用来表现流水。具体的方法是把胶枪的胶挤在不锈钢支架上，挤成直线，等其自行凝固。逐条配置上白色的寒水砂，就制作出和瀑布相连的溪流。

相关信息
形式：半开放型
容器：食品罐
植物：① 大桧藓
　　　② 东亚万年藓
　　　③ 桧叶白发藓
用土：硅酸盐白土
　　　玉沙砾
　　　干燥泥炭藓
　　　树皮培养土

为躲避野生动物而爬上荒凉的石头山

灵活应用造型材料组合石头，让苔藓附着在石头上表现荒野

通过组合石头，在红茶色基础上用树皮培养土增添色彩和韵味，表现荒野的风景。在石头与石头的接缝间用造型材料固定。利用造型材料将桧叶白发藓附着在石头上，表现自然风景。

在大自然中，一不小心被动物追的情况也可能发生。

高度26.5厘米
直径17.5厘米

相关信息
形式：半开放型
容器：食品罐
植物：① 肾蕨
　　　② 大桧藓
　　　③ 桧叶白发藓
　　　④ 白鸟羽毛
用土：基础用土

从岩石山流出的河结冰了，企鹅登场

在苔藓盆栽外覆盖一个玻璃容器，当作生态瓶进行简单管理

在杯子中填上土，种植苔藓，完成一个苔藓盆栽。然后在外面覆盖一个玻璃容器，就可以当作一个生态瓶进行管理了。

这个方法也取决于所采用的苔藓。在园艺店中购买的苔藓盆栽，若能充分发挥生态瓶的长处，也能轻松地培育好苔藓，享受到其中的乐趣。浇水与喷水相比，使用水壶浇水更好一些。浇水时的关键点是下层的土也要浇透。

高度12.5厘米
直径5.5厘米

相关信息
形式：开放型、半开放型
容器：杯子
植物：① 波叶仙鹤藓
　　　② 金发藓
　　　③ 砂藓
用土：基础用土

Caring for a Terrarium
生态瓶的管理方法

为能长久地享受生态瓶的乐趣，下面介绍一些日常的管理方法。

摆放的位置

对苔藓生态瓶而言，最重要、最关键的是摆放的位置，应摆放在从早到晚都无阳光直射的地方。一旦受到阳光直射，容器内变热，苔藓就会枯掉。

不同品种的苔藓对亮度的喜恶程度也各不相同。具体情况请参考右侧的说明。

此外，若将生态瓶长时间摆放在高温的室内环境中，苔藓会变弱。高温季节中，需要长时间外出时，将生态瓶放在装了水的碗中，可以抑制病变发生。相反，苔藓能耐低温，但是，也不要摆放在5℃以下的环境中。

不同种类的苔藓要摆放在不同的位置

■ 喜欢明亮环境的苔藓

金发藓、真藓等。
摆放在长时间明亮的、东南向的房间里。

■ 喜欢半阴环境的苔藓

桧叶白发藓、绢藓等。
摆放在比较明亮的室内、中午之前明亮的室内。

■ 喜阴的苔藓

大桧藓、梨蒴珠藓、海州骨碎补等。
摆放在北侧的房间、距离窗户较远的位置。

肥料

苔藓通过光合作用从水中获得生长繁殖所需要的能量。虽然也有可能会使用肥料，但基本上有水就能培育。

容器的盖子

■ 密闭的环境下

苔藓喜欢空气中的湿度高一点。打开盖子后，湿度下降，空气干得快，所以，除了浇水、维护等必需开盖的情况外，应该盖上盖子进行培育。

容器中的水蒸气过多，下部土层无法吸收，容器表面能看到水蒸气时，可用滴液吸移管吸干，将容器内侧的水蒸气擦拭干净，调节水分。

■ 半开放型的情况下

外部空气可进入的半开放型生态瓶，若使用密闭度高的容器，也容易结露。这个时候，可以稍微加大缝隙，适当换气，避免苔藓变细、徒长等情况发生。

浇水

苔藓没有根，靠叶子吸收水分。用喷雾器浇水可以给苔藓全部都浇到。只不过，浇水过多时容器内湿度过高，不利于生长。所以，浇水的标准是全部都湿润即可。

容器内侧见不到水滴时，就该浇水了。时间间隔大致如下。

密闭型　半年至一年一次
半开放型　2～4周一次
开放型　视苔藓种类而定，每天或数天一次

管理

■ 苔藓长得过大时

大桧藓等易长高的苔藓，长高后会破坏整个生态瓶的平衡。这时可用剪刀修剪。剪下来的苔藓植入土层中，还能继续生长。

■ 苔藓长霉菌时

制作生态瓶时，若苔藓等材料没清洗干净，就可能长霉菌。这时可用喷雾器将霉菌冲干净，或将长霉菌的苔藓剪掉。

The Moss for a Terrarium
适合生态瓶的苔藓

下面介绍其中一些容易入手且适合在生态瓶中种植的品种。

■ 容器的种类

密闭型容器　　半开放型容器　　开放型容器

■ 符号的含义

适合栽培　　不适合栽培　　条件充分可栽培

桧叶白发藓

密闭型 半开放型 开放型

在生态瓶中表现草地、草坪时常用到。在野外常见于杉树的根部周围。能不断往上生长出新的苔藓，所以，为了防止老化和将病菌带入，在生态瓶中种植时，只使用上面的绿色部分。形态上多少会有一点变化，不过种植在生态瓶中也可以生长。

大桧藓

密闭型 ◯　半开放型 ◯　开放型 ✕

从大桧藓这个名字就可知道，它和桧树实生苗的外形很相似。种植在密闭容器中不用怎么管理，形态变化也不大。在湿度有保证的环境中能稳定地生长，适合作为苔藓生态瓶的入门级苔藓品种。叶长得很密，叶间容易夹杂砂、沙，在造景的时候需要多加注意。

梨蒴珠藓

密闭型 △　半开放型 ◯　开放型 ◯

梨蒴珠藓的蒴呈珍珠状，这也是梨蒴珠藓这个名字的由来。既可用于密闭型生态瓶，也可用于开放型生态瓶，适用范围广。若用于密闭型生态瓶，为保证湿度，应尽量密植，方便养护。夏天容易出问题，将室温控制在人体感觉舒适的程度比较好。

金发藓

密闭型 ✕　半开放型 ◯　开放型 ◯

苔庭中常用到的苔藓种类，很多卖苔藓的店里都能买到。种植在密闭型生态瓶中，会长高，叶子会枯萎，所以不适合。种植在开放型、半开放型生态瓶中，摆在明亮的环境中，能培育得非常美。

波叶仙鹤藓

密闭型 ✕　半开放型 ◯　开放型 ◯

金发藓的好伙伴。在密闭型生态瓶中，适合与金发藓相搭配；在半开放型生态瓶中和大桧藓相搭配，再种上醒目显眼的小树，能营造出幽深的意境。

东亚万年藓

密闭型 △ 半开放型 ○ 开放型 ✕

较大的苔藓品种，形状不同于一般概念的苔藓。不耐干燥，叶尖容易受伤，所以，在干燥的开放型生态瓶中难种植。相反，在湿度过高的密闭型生态瓶中，新芽的叶不会打开。所以，它适合种植在半开放型生态瓶中。它会像竹子那样，地下茎在地下延伸并长出新芽。因此，在生态瓶中也会发生东亚万年藓从意想不到的地方冒出新芽的情况。

砂藓

密闭型 ✕ 半开放型 ○ 开放型 ○

一旦有水就能从干燥状态中恢复正常，张开星形叶子，在苔庭中常常使用到。出售砂藓的地方挺多。适合向阳生长，健康生长需要较强的光照，在密闭型生态瓶中，不能生长。植入生态瓶的时候，应将下端的老枝叶部分全部剪掉，只留下小部分新芽。

大灰藓

密闭型 ✕ 半开放型 △ 开放型 ○

苔玉中用得较多。放在向阳的地方，干燥后也能保持美感。到湿度高的环境中，会长得很高，所以不适合在密闭型生态瓶中种植。明亮的光照可让其长得姿态美丽，最好种植在开放型生态瓶中。

尖叶葡灯藓

密闭型 ✕ 半开放型 ○ 开放型 △

叶子闪闪发亮，非常美丽。干燥后会收缩，在开放型生态瓶中种植时要注意浇水，避免干燥。植入的时候，要将乱麻似的一团逐个分开后再植入到生态瓶中。

绢藓

| 密闭型 ✕ | 半开放型 ◯ | 开放型 ◯ |

叶片整体上光彩、艳丽。生长时，会横向扩大地盘。在密闭型生态瓶中，不仅横向扩张，还会长得很高，所以不适合。在半开放型生态瓶中，需要制造丛林深处的意境时，常将其从上往下垂着使用。

骨碎补

| 密闭型 ✕ | 半开放型 ◯ | 开放型 △ |

骨碎补的魅力在于极细的叶。生长时会横向扩大地盘。种植在密闭型生态瓶中，不仅会横向扩大地盘，还会长得很高，所以不适合。在半开放型生态瓶中可以长得很美丽。购买的时候，都是干的，处于休眠状态中。植入生态瓶前应用清水泡一天。植入时，将结成一团的骨碎补逐个分开。在开放型生态瓶中，缺水时叶子会变长茶褐色。

曲柄藓

| 密闭型 ✕ | 半开放型 ◯ | 开放型 ◯ |

一种颜色浓绿的、美丽的小型苔藓。喜光，所以要长得好就需要充足的光照。不适合在密闭型生态瓶中种植。常用于在生态瓶中制造小动物出没的环境。

日本曲尾藓

| 密闭型 ✕ | 半开放型 ◯ | 开放型 △ |

波浪形的叶制造出美丽的、梦幻般的风景。容易长得很高，不适合在密闭型生态瓶中种植。在开放型生态瓶中，种植在不容易干燥的地方，能健康生长。

How to Manage Moss
苔藓的使用方法和保管方法

将刚买回来的苔藓直接种植到生态瓶中，行吗？
苔藓没用完，怎么办？下面介绍苔藓的处理方法

购买了庭院用苔藓后，首先应进行清洗等处理

生态瓶中使用的植物可以在主要经营苔藓生态瓶的网店、水族店、超市、大型园艺店等地方购买。

购买时要注意的是，这个苔藓是供庭院用的还是供生态瓶用的。确认好苔藓的用途。

作为庭院用而出售的苔藓，可以低价格购买到很多，但是要用于生态瓶的话，必须用下述方法进行清洗、杀菌、杀虫。另一方面，生态瓶用的苔藓可以少量购买，而且因为已经处理过，所以可直接种植到生态瓶中。

在存放方法上，两种苔藓是相同的。

看颜色、闻气味，辨病变。病变的苔藓不能用

发生病变的苔藓，靠颜色和气味来判断。苔藓发出腐败臭味时，很容易辨别出来。发出海岸特有的腥味也是病变的标志，可以理解为苔藓的细胞正在发生病变。干燥时间过长、受阳光直射时会发生这种情况。即使看起来是鲜艳的绿色，但浇水之后仍然会发出海岸特有的腥味，无法再恢复到健康的状态。

如果苔藓已经发生病变却没被发现，种植进生态瓶中后，种在一起的其他植物都可能被传染并倒下，所以要特别注意。

怕干燥的苔藓

■ 提前处理的方法

干燥持续的时间过长，苔藓会劣化。之后，即使再怎么想办法，都难以恢复其含水的健康状态。所以在存放的时候要注意保水。

（1）用剪刀将土剪掉。

（2）除掉表面的脏物（大桧藓、东亚万年藓之类大型苔藓最好逐个分开）。

（3）用流动的水清洗。

（4）先将水晾干（使用制作蔬菜沙拉用的甩水机会更方便）。

大桧藓

桧叶白发藓

大灰藓

■ 保管的方法

用开了几个通气孔的食品保鲜盒（如特百惠等）进行保存。如果所用的容器上没有通气孔，完全密闭的话，有些品种的苔藓会完全失去原来的形状。

蒸发到保鲜盒中的水会变质，所以应当每周清洗一次。

偶尔会发生保鲜盒中有细菌繁殖、盒内的苔藓全部死亡的情况。所以建议将苔藓分成几个小份保存在不同的保鲜盒内。

如果有条件的话，可在上方用植物培育灯进行照射。

东亚万年藓

耐干燥的苔藓

■ 提前处理方法和保湿方法

桧叶白发藓、大灰藓、砂藓等耐干燥的苔藓，完全干燥后保存比在活性状态下保存更稳定。

可以在湿度低、半阴的房间内将苔藓摊开，让其干燥。干燥后的苔藓，像保存食品中的干货那样，放在阴凉干燥处，可长时间保存。

■ 用法

欲在生态瓶中种植时，只需将要用的那部分苔藓放在容器中，用清水充分洗净后，再用清水泡一天，让苔藓完全恢复到活性状态就可以正常种植了。

图书在版编目（CIP）数据

苔藓生态瓶 /（日）川本毅著；魏常坤译. — 北京：中国轻工业出版社，2021.7

ISBN 978-7-5184-3490-9

Ⅰ. ①苔… Ⅱ. ①川… ②魏… Ⅲ. ①苔藓植物 – 盆景 – 观赏园艺 Ⅳ. ① S688.1

中国版本图书馆 CIP 数据核字（2021）第 076347 号

责任编辑：王　玲　　责任终审：李建华　　整体设计：锋尚设计
策划编辑：王　玲　　责任校对：朱燕春　　责任监印：张京华

出版发行：中国轻工业出版社（北京东长安街6号，邮编：100740）
印　　刷：北京博海升彩色印刷有限公司
经　　销：各地新华书店
版　　次：2021年7月第1版第1次印刷
开　　本：710×1000　1/16　印张：6
字　　数：100千字
书　　号：ISBN 978-7-5184-3490-9　定价：58.00元
邮购电话：010-65241695
发行电话：010-85119835　传真：85113293
网　　址：http://www.chlip.com.cn
Email：club@chlip.com.cn
如发现图书残缺请与我社邮购联系调换
200865S5X101ZYW